Ernst Probst

Eiszeitliche Geparde in Deutschland

Mit Zeichnungen von Shuhei Tamura

GRIN Verlag

Bibliografische Information der Deutschen Nationalbibliothek:

Die Deutsche Bibliothek verzeichnet diese Publikation in der Deutschen Nationalbibliografie; detaillierte bibliografische Daten sind im Internet über http://dnb.d-nb.de/ abrufbar.

Impressum:

Copyright © 2011 GRIN Verlag, Open Publishing GmbH
Druck und Bindung: Books on Demand GmbH, Norderstedt Germany
ISBN: 978-3-640-92504-9

Dieses Buch bei GRIN:

http://www.grin.com/de/e-book/172559/eiszeitliche-geparde-in-deutschland

Lebensbild des Gepard Acinonyx pardinensis.
Zeichnung von Shuhei Tamura

Ernst Probst

Eiszeitliche Geparde in Deutschland

*Mit Zeichnungen
von Shuhei Tamura*

Widmung

Shuhei Tamura
aus Kanagawa in Japan gewidmet,
der den Autor
bei zahlreichen Buchprojekten
unterstützt hat

Dank

Für Auskünfte, mancherlei Anregung, Diskussion
und andere Arten der Hilfe danke ich:

Thomas Engel,
geologischer Präparator,
Naturhistorisches Museum Mainz /
Landessammlung für Naturkunde Rheinland-Pfalz

Prof. Dr. Helmut Hemmer, Mainz

Dr. Brigitte Hilpert,
Geozentrum Nordbayern, Fachgruppe PaläoUmwelt,
Erlangen

Dr. rer. nat. habil. Ralf-Dietrich Kahlke,
Leiter der Forschungsstation
für Quartärpaläontologie der
Senckenbergischen Naturforschenden Gesellschaft,
Weimar

Dr. Thomas Keller,
Landesamt für Denkmalpflege Hessen,
Archäologische und Paläontologische Denkmalpflege,
Wiesbaden

Professor Dr. Hans-Jürg Kuhn, Göttingen

Georg Sack,
Leiter des Heimatmuseums Biebrich, Wiesbaden

Shuhei Tamura, Kanagawa, Japan

Thüringer Zoopark Erfurt

Inhalt

Vorwort. Schnelle Jäger / Seite 11

Eiszeitliche Geparde in Deutschland / Seite 13

Der Autor / Seite 33

Literatur / Seite 35

Bildquellen / Seite 41

Bücher von Ernst Probst / Seite 43

Gepard (Acinonyx pardinensis).
Auschnitt aus einem Gemälde von Fritz Wendler (1941–1995)
für das Buch „Deutschland in der Urzeit" (1986)
von Ernst Probst

Schnelle Jäger

Im Eiszeitalter (Pleistozän) vor etwa 2,6 Millionen Jahren bis vor ca. 10.700 Jahren lebten im Gebiet von Deutschland etliche große Raubkatzen. Durch fossile Funde von Knochen und Zähnen sind Mosbacher Löwen, Höhlenlöwen, Europäische Jaguare, Säbelzahnkatzen, Dolchzahnkatzen, Leoparden, Pumas und Geparde nachgewiesen. Das Taschenbuch „Eiszeitliche Geparde in Deutschland" des Wiesbadener Wissenschaftsautors Ernst Probst befasst sich jenen Raubkatzen, die heute als die schnellsten Landtiere der Erde gelten. Es ist Shuhei Tamura aus Kanagawa in Japan gewidmet, der den Autor bei zahlreichen Buchprojekten unterstützt hat.

Weimarer Paläontologe Ralf-Dietrich Kahlke

Eiszeitliche Geparde in Deutschland

Die ältesten bekannten Funde der Geparde in Deutschland stammen aus dem Eiszeitalter vor mehr als einer Million Jahren. Genauer gesagt aus dem Bavelium-Komplex (etwa 1,07 Millionen Jahre bis 990.000 Jahre), auch Bavel-Komplex oder Bavelium genannt. Dieser Abschnitt des Eiszeitalters wurde 1983 von dem niederländischen Geologen Waldo H. Zagwijn und dem Palynologen Jan de Jong, beide am Rijksgeologischen Dienst in Harlem tätig, beschrieben.
Bei den frühesten Gepardresten aus Deutschland handelt es sich um einen Oberschädel und um einen fast 37 Zentimeter langen Oberschenkelknochen. Fundort dieser spektakulären Fossilien ist ein Leichenfeld bei Untermaßfeld unweit von Meiningen in Thüringen. Der Oberschädel und der Oberschenkelknochen werden der Gepard-Unterart *Acinonyx pardinensis pleistocaenicus* zugeschrieben die vorher nur aus Nordchina nachgewiesen war und 1925 erstmals von dem österreichischen Paläontologen Otto Zdansky (1894–1988) wissenschaftlich beschrieben wurde.
Bei den Ausgrabungen des Weimarer Paläontologen Ralf-Dietrich Kahlke im Flussbett der Ur-Werra bei Untermaßfeld kamen Reste ungewöhnlich vieler Tiere zum Vorschein. Sie waren bei Hochwasser ums Leben gekommen.

Dolchzahnkatze (Megantereon cultridens adroveri).
Zeichnung von Shuhei Tamura

14

Im eiszeitlichen Leichenfeld bei Untermaßfeld lagen Fossilien vom Flusspferd (*Hippopotamus amphibius antiquus*), Südelefanten (*Mammuthus meridionalis*), der Dolchzahnkatze (*Megantereon cultridens adroveri)*, der Säbelzahnkatze *(Homotherium crenatidens*), vom Europäischem Jaguar (*Panthera onca gombaszoegensis*), Puma (*Puma pardoides*), Gepard (*Acinonyx pardinensis pleistocaenicus*), Luchs (*Lynx issiodorensis*), der Hyäne (*Pachycrocuta brevirostris*) und vom Makaken (*Macaca sylvanus*).
Die Fundstelle bei Untermaßfeld gilt als die mit Abstand wichtigste und reichhaltigste ihrer Zeitstellung in Europa. Insgesamt wurden mehr als 15.000 Wirbeltierreste (davon etwa 4.000 von Kleinsäugern) von rund 100 Arten geborgen. Darunter befinden sich spektakuläre Entdeckungen. Die Flusspferde aus Untermaßfeld gelten als die größten aller Zeiten. Weitere Raritäten sind der früheste Jaguar und Gepard aus Deutschland. Zudem entdeckte man bei Untermaßfeld neue Tierarten wie den *Bison menneri*, das Reh *Capreolus cusanoides*, den großen Hirsch *Eucladoceros giulii*, das Wildpferd *Equus wuesti* und den Bären *Ursus rodei. Bison menneri* ist mit einer Schulterhöhe von 1,78 Meter der größte Bison aller Zeiten.
Der eigenständige Charakter, die Vollständigkeit und die gute Überlieferungsqualität der Untermaßfelder Säugetierfossilien haben Ralf Dietrich Kahlke bewogen, für die Zeit vor etwa 1,2 Millionen bis 900.000 Jahren den Begriff Epi-Villafranchium vorzuschlagen.
Die fossile Gepard-Art *Acinonyx pardinensis* wurde 1828 von den französischen Paläontologen Abbé Jean-Baptiste Croizet und Antoine Jobert erstmals wissen-

schaftlich beschrieben. Der Gattungsname *Acinonyx* kommt aus dem Griechischen und besteht aus den Wortteilen „akin" (nicht beweglich) und „onyx" (Kralle). Und der Artname *pardinensis* erinnert an den Fundort in Nähe des Dorfes Pardines an der Montage de Perrier. Auch in etwa 600.000 Jahre alten Schichten der Mosbach-Sande von Wiesbaden (Hessen) ist der Gepard nachgewiesen. Die Mosbach-Sande sind nach dem ehemaligen Dorf Mosbach zwischen Wiesbaden und Biebrich benannt. Dabei handelt es sich um Ablagerungen des eiszeitlichen Mains, der damals weiter nördlich als heute in den Rhein mündete, des Rheins und von Taunusbächen.

Beim Abbau der Mosbach-Sande kamen immer wieder Überreste von Wirbeltieren zum Vorschein, die wohl zum größten Teil aus dem nach einem englischen Fundort bezeichneten Cromer-Komplex (etwa 800.000 bis 480.000 Jahre) stammen. Die charakteristische Cromer-Forest-Bed-Abfolge in Norfolk (England) wurde 1882 von dem englischen Geologen Clement Reid (1855–1916) beschrieben. Als so genannte Typuslokalität gilt West Runton bei Cromer mit einem Alter von höchstens 700.000 Jahren. Das Klima im Cromer war nicht einheitlich. Einerseits gab es sehr milde, andererseits aber auch kühle Abschnitte.

In Mitteleuropa wird das Cromer in vier Warmzeiten und vier Kaltzeiten gegliedert. Nur die früheste Cromer-Warmzeit I (auch Cromer-Interglazial I genannt) wird dem Altpleistozän (etwa 1,9 Millionen bis 780.000 Jahre) zuordnet. In diese Zeit fällt die fossilarme Mosbach 1-Fauna vor etwa einer Million Jahren, die ähnlich alt wie die Fossilien aus dem Leichenfeld bei Untermaßfeld nahe Meiningen in Thüringen ist.

Den größten Teil des Cromer-Komplexes rechnet man dem Mittelpleistozän (etwa 780.000 bis 127.000 Jahre) zu. Dazu zählen die Cromer-Warmzeiten II, III, IV und die dazwischen liegenden Kaltzeiten.

Die fossilreiche mittelpleistozäne Mosbach 2-Fauna und die gleichaltrigen Sande von Mauer bei Heidelberg gehören entweder in die ältere Cromer-Warmzeit III (auch älteres Cromer-Interglazial III genannt) oder in die jüngere Cromer-Warmzeit IV (Cromer-Interglazial IV).

In der Literatur heißt es oft, in der schätzungweise etwa 600.000 Jahre alten Hauptfundschicht (so genanntes Graues Mosbach) lägen die Reste zweier Lebensgemeinschaften vor, die einer ausgehenden Warmzeit und einer heraufziehenden Kaltzeit innerhalb des Cromer entsprächen. Während der Warmzeit sollen beispielsweise der Waldelefant und das Flusspferd gelebt haben, in der Kaltzeit dagegen der riesige Steppenelefant, der Steppenbison, der Vielfaß und das Rentier.

Nach Forschungen des Wiesbadener Paläontologen Thomas Keller, die er seit 1991 in den Mosbach-Sanden unternimmt, gibt es aber keine Hauptfundschicht. Denn fast alle Schichten enthalten nach seinen Beobachtungen Fossilien. Außerdem vermutet er eher einen Wechsel von einer ausgehenden Kaltzeit zu einer beginnenden Warmzeit.

Die Geparde in der Gegend von Wiesbaden waren nicht die einzigen Raubkatzen. Durch Funde von Kno-chen

Bild auf Seite 17:

*Die Dörfer Mosbach und Biebrich auf einem Plan von 1819.
Nach dem ehemaligen Dorf Mosbach zwischen Wiesbaden
und Biebrich sind die Mosbach-Sande (früher Mosbacher Sande),
eine der bedeutendsten Fundstellen aus dem Eiszeitalter
in Deutschland, benannt. Dabei handelt es sich
um Flussablagerungen des eiszeitlichen Mains,
der damals weiter nördlich als heute in den Rhein mündete,
des Rheins und von Taunusbächen.
In Mosbach hat man schon 1845 in etwa zehn Meter Tiefe
erste eiszeitliche Großsäugerreste entdeckt.
1882 schlossen sich die Dörfer Mosbach und Biebrich
zur Stadt Biebrich-Mosbach zusammen.
In der Folgezeit gewann Biebrich durch Schloss,
Rheinverkehr, Industrie und Kaserne eine solche Dominanz,
dass man den Begriff Mosbach aus dem Stadtnamen strich.
Am 1. Oktober 1926 wurde Biebrich in Wiesbaden eingemeindet.*

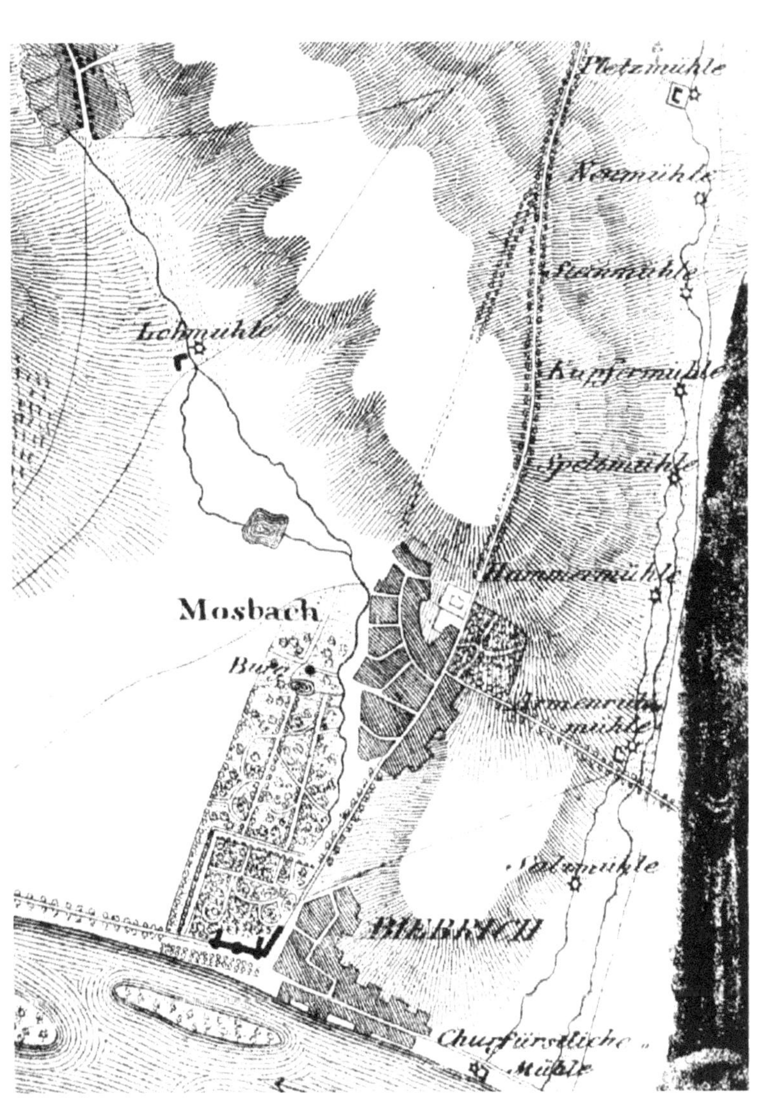
Pletzmühle
Neemühle
Steinmühle
Kupfermühle
Lehmühle
Spelzmühle
Mosbach
Hammermühle
Burg
Armenrath mühle
Salzmühle
BIEBRICH
Churfürstliche Mühle

Mosbacher Löwe (Panthera leo fossilis), links unten.
Auschnitt aus einem Gemälde von Fritz Wendler (1941–1995)
für das Buch „Deutschland in der Urzeit" (1986)
von Ernst Probst

20

Gepard (Acinonyx pardinensis), rechts.
Auschnitt aus einem Gemälde von Fritz Wendler (1941–1995)
für das Buch „Deutschland in der Urzeit" (1986)
von Ernst Probst

*Paläontologe Gustav Heinrich Ralph
von Koenigswald (1902–1982)*

Paläontologe Jens Lorenz Franzen

und Zähnen aus den Mosbach-Sanden von Wiesbaden
sind auch der riesige Mosbacher Löwe *(Panthera leo fossilis)*,
der Europäische Jaguar *(Panthera onca gombaszoegensis)* und
die Säbelzahnkatze *(Homotherium crenatidens)* nachwiesen.
1969 erwähnte die Paläontologin Gerda Schütt (1931–
2007) einen Leoparden-Fund *(Panthera pardus)* aus den
Mosbach-Sanden von Wiesbaden, der in einer Privatsammlung aufbewahrt wurde und zur Publikation durch
den Weimarer Paläontologen Hans Dietrich Kahlke
vorgesehen war. Nach einem Hinweis von Kahlke wurde
dieses Fossil 2002 von dem Paläontologen Jens Lorenz
Franzen in der Mosbach-Sammlung der Sektion
Paläanthropologie des Forschungsinstitutes Senckenberg in Frankfurt am Main aufgefunden. Es war per
Kauf dieser Privatsammlung durch den Paläontologen
Gustav Heinrich Ralph von Koenigswald (1902–1982)
in das Forschungsinstitut Senckenberg gelangt. Der
Mainzer Zoologe Helmut Hemmer identifizierte das
rund sechs Zentimeter lange rechte Unterkiefer-
bruchstück mit Resten zweier Zähne 2003 als Gepard.
Nach seiner Ansicht stammt es von einem etwa 60
Kilogramm schweren Weibchen.
1970 beschrieb die Paläontologin Gerda Schütt ein in
den Mosbach-Sanden von Wiesbaden entdecktes lin-
kes Oberarmknochenfragment von einem Gepard und
ordnete es der Art *Acinonyx pardinensis* zu. Dieser
3,7 Zentimeter lange Fund von 1959 wird im Naturhistorischen Museum Mainz aufbewahrt. Es ist – laut
Helmut Hemmer – ein Knochen von einem schät-
zungsweise rund 60 Kilogramm schweren Weibchen.

Paläontologin Gerda Schütt (1931–2007)

Zoologe Helmut Hemmer

Mosbacher Löwe (Panthera leo fossilis)
Zeichnung von Shuhei Tamura

Säbelzahnkatze (Homotherium crenatidens)
Zeichnung von Shuhei Tamura

Europäischer Jaguar (Panthera onca gombaszoegensis)
Zeichnung von Shuhei Tamura

Am 10. März 2000 glückte Anne Sander von der Abteilung Archäologische und Paläontologische Denkmalpflege des Landesamtes für Denkmalpflege Hessen in den Mosbach-Sanden von Wiesbaden der Fund eines rechten Oberschenkelknochens von einem Gepard. Von dem ursprünglich rund 31 Zentimeter langen Oberschenkelknochen waren 27,3 Zentimeter erhalten geblieben. Helmut Hemmer vermutet, dies sei ein Rest von einem männlichen Gepard mit einem Gewicht von etwa 90 Kilogramm.

Ähnlich alt wie die Fossilien aus den Mosbach-Sanden von WiesbadeN sind Reste vom Gepard aus Hundsheim in Niederösterreich. 2008 schlugen Helmut Hemmer (Mainz), Ralf-Dietrich Kahlke (Weimar) und Thomas Keller (Wiesbaden) für Geparde aus dem frühen Mittelpleistozän den wissenschaftlichen Namen *Acinonyx pardinensis* (sensu lato) *intermedius* vor.

In der Publikation „Geparde im Mittelpleistozän Europas: *Acinonyx pardinensis* (sensu lato) *intermedius* (Thenius, 1954) aus den Mosbach-Sanden (Wiesbaden, Hessen, Deutschland)" (2008) von Helmut Hemmer (Mainz), Ralf-Dietrich Kahlke (Weimar) und Thomas Keller (Wiesbaden) werden folgende Fundorte von Geparden in Europa erwähnt:

Deutschland: Untermaßfeld bei Meiningen, Mosbach-Sande von Mosbach in Wiesbaden

Österreich: Hundsheim

Frankreich: Ètouaires, Ardé, Saint-Vallier

Italien: Casa Frata, Olivola

Heutige Geparde *(Acinonyx jubatus)* in Afrika erreichen eine Kopfrumpflänge von etwa 1,50 Meter, wozu ein rund 0,70 Meter langer Schwanz hinzukommt, und eine Schulterhöhe von etwa 0,80 Meter. Ihr Gewicht beträgt nur etwa 60 Kilogramm. Eiszeitliche Geparde waren – nach den gefundenen Skelettresten zu schließen – merklich größer und schwerer. Geparde gibt es gegenwärtig noch in Savannen Afrikas und Asiens.

Jetzige Geparde gelten als reine Savannen- und Steppentiere. Sie halten sich gerne in Gegenden mit hohem Gras und Hügeln auf. Hohes Gras dient ihnen als Deckung. Hügel nutzen sie als Ausschaupunkte nach Beute. In Landschaften mit zu vielen Sträuchern und Bäumen könnten sie ihre Geschwindigkeit nicht ausnutzen.

Geparde gelten als schnellste Landtiere der Erde. Sie haben einen sehr schlanken windhundähnlichen Körper. Ihr Kopf ist klein und rund. Ihre Beine sind extrem lang und dünn. Der Schwanz ist fast halb so lang wie der Körper. Die Krallen können nur bedingt eingezogen werden. Laut Online-Lexikon „Wikipedia" erreichen Geparde im Lauf eine Geschwindigkeit bis zu 112 Stundenkilometern, die sie aber nur etwa 400 Meter weit beibehalten können.

Weibchen leben meistens allein, ausgenommen in der Zeit, in der sie Junge haben. Männchen dagegen formen Verbände, in denen meistens Wurfbrüder zu zweit oder zu dritt leben. Eine Seltenheit sind Gepardgruppen bis zu 15 Tieren. Männchen und Weibchen kommen nur zur Paarung zusammen und trennen sich gleich danach wieder.

Bevorzugte Beutetiere sind kleinere Huftiere wie Gazellen und Böckchen mit einem Gewicht bis zu 60

Afrikanischer Gepard (Acinonyx jubatus)
aus „Brehms Tierleben" (1927)

Kilogramm. In Notzeiten bringen Geparde auch Hasen, Kaninchen und Vögel zur Strecke.

Meistens pirschen sich Geparde auf etwa 100 bis 50 Meter an ihre Beutetiere heran, bevor sie diese mit sehr hoher Geschwindigkeit angreifen. Wenn sie das verfolgte Beutetier nicht nach einigen hundert Metern erreichen, geben sie die Hetzjagd auf. Schützungsweise 50 bis 70 Prozent der Jagden verlaufen erfolgreich.

Die Jagdbeute des Gepards wird einfach überrannt. Der Gepard läuft in die Beine des Beutetiers, welches das Gleichgewicht verliert und stürzt. Dann drückt der Gepard mit seinen Zähnen dem Beutetier die Kehle zu. Auf diese Weise zerbeißt er nicht die Nacken- oder Halswirbel, um seine Beute zu töten, sondern erstickt sie. Anschließend muss sich der Gepard kurz ausruhen, weil seine Muskeln bei einer zu langen Jagd überhitzt werden können. Die Pause darf aber nicht zu lang ausfallen. Denn der Gepard muss seine Beute schnell fressen. die er gegen andere Raubtiere wie Hyänen oder Leoparden nicht verteidigen kann.

Heute leben noch mehr als 10.000 Geparde auf der Erde. Die meisten davon existieren in 25 afrikanischen Ländern in freier Wildbahn. Mit rund 2.500 Tieren ist der Bestand in Namibia am größten. Der Bestand im Iran wird auf 60 bis 100 Tiere geschätzt. Um die Zukunft dieser Raubkatzen ist es schlecht bestellt. Die afrikanischen Geparde gelten als gefährdet bis stark gefährdet, die asiatischen als vom Aussterben bedroht.

Wissenschaftsautor Ernst Probst

Der Autor

Ernst Probst, geboren am 20. Januar 1946 in Neunburg vorm Wald im bayerischen Regierungsbezirk Oberpfalz, ist Journalist und Wissenschaftsautor. Er arbeitete von 1968 bis 1971 als Redakteur bei den „Nürnberger Nachrichten", von 1971 bis 1973 in der Zentralredaktion des „Ring Nordbayerischer Tageszeitungen" in Bayreuth und von 1973 bis 2001 bei der „Allgemeinen Zeitung", Mainz. In seiner Freizeit schrieb er Artikel für die „Frankfurter Allgemeine Zeitung", „Süddeutsche Zeitung", „Die Welt", „Frankfurter Rundschau", „Neue Zürcher Zeitung", „Tages-Anzeiger", Zürich, „Salzburger Nachrichten", „Die Zeit", „Rheinischer Merkur", „Deutsches Allgemeines Sonntagsblatt", „bild der wissenschaft", „kosmos", „Deutsche Presse-Agentur" (dpa), „Associated Press" (AP) und den „Deutschen Forschungsdienst" (df). Aus seiner Feder stammen die Bücher „Deutschland in der Urzeit" (1986), „Deutschland in der Steinzeit" (1991), „Rekorde der Urzeit" (1992), „Dinosaurier in Deutschland" (1993 zusammen mit Raymund Windolf) und „Deutschland in der Bronzezeit" (1996). Von 2001 bis 2006 betätigte sich Ernst Probst als Buchverleger sowie zeitweise als internationaler Fossilienhändler und Antiquitätenhändler. Insgesamt veröffentlichte er mehr als 100 Bücher, Taschenbücher, Broschüren, Museumsführer und E-Books.

Literatur

BRÜNING, Herbert: Die eiszeitliche Tierwelt im
Rhein-Main-Gebiet, Mosbacher Sande.
Museumsführer Nr. 4, Naturhistorisches Museum
Mainz, 1972
BRÜNING, Herbert: Vom Eiszeitalter im Mainzer
Becken. Museumführer Nr. 3, Naturhistorisches
Museum Mainz, 1973
BRÜNING, Herbert: Die eiszeitliche Tierwelt von
Mosbach. Ihre Umwelt – ihre Zeit. Museumsführer
Nr. 6, Rheinische Naturforschende Gesellschaft zu
Mainz in Verbindung mit dem Naturhistorischen
Museum Mainz, 1980
COX, Barry / DIXON, Dougal / GARDINER,
Brian / SAVAGE, R. J. G.: Dinosaurier und andere
Tiere der Vorzeit, München 1989
CROIZET, L'Abbe Jean-Baptiste / JOBERT,
Antoine: Recherches sur les ossemens fossiles du
département du Puy-de-Dome, Paris 1928
DÖPPES, Doris / RABEDER, Gernot: Pliozäne
und pleistozäne Faunen Österreichs. Ein Katalog
der wichtigsten Fundstellen und ihrer Faunen
(Endbericht des Forschungsberichtes Nr. 9320
des „Fonds zur Förderung der wissenschaftlichen
Forschung") mit Beiträgen von Petra Cech, Doris
Döppes, Thomas Einwögerer, Florian A. Fladerer,

Christa Frank, Karl Mais, Doris Nagel, Marion Niederhuber, Martina Pacher, Rudolf Pavuza, Gernot Rabeder, Christian Reisinger, Harald Temmel, Gerhard Withalm. Mitteilungen der Kommission für Quartärforschung der Österreichischen Akademie der Wissenschaften, Band 10, Wien 1997

FABER, Rolf: Moskebach – Biebrich-Mosbach 991–1971. Chronik von Dr. Rolf Faber im Auftrag des Verschönerungs- und Verkehrsvereins Biebrich am Rhein e. V., Wiesbaden-Biebrich 1991

HEMMER, Helmut: Die Carnivorenreste (mit Ausnahme der Hyänen und Bären) aus den jungpleistozänen Travertinen von Taubach bei Weimar. Quartärpaläontologie 2, S. 379–387, Berlin 1977

HEMMER, Helmut: Die Feliden aus dem Epivillafranchium von Untermaßfeld. Aus: KAHLKE, Ralf-Dietrich (Hrsg.): Das Pleistozän von Untermaßfeld bei Meiningen (Thüringen). Teil 3. Monographien des Römisch-Germanischen Zentralmuseums, 40/3, S. 699–782, Mainz 2001

HEMMER, Helmut: Pleistozäne Katzen Europas – eine Übersicht. Cranium, Amsterdam 2004

HEMMER, Helmut / KAHLKE, Ralf-Dietrich / KELLER, Thomas: *Panthera onca gombaszoegensis* aus den frühmittelpleistozänen Mosbach-Sanden (Wiesbaden, Hessen, Deutschland). Ein Beitrag zur Kenntnis der Variabilität und Verbreitungsgeschichte des Jaguars. Neues Jahrbuch für Geologie und Paläontologie, Abhandlungen, 229 (1), S. 31–60, Stuttgart 2003

HEMMER, Helmut / KAHLKE, Ralf-Dietrich / VEKUA, Abesalom K.: The Jaguar – *Panthera onca gombaszoegensis* (KRETZOI, 1938) (Carnivora: Felidae) in the late Lower Pleistocene of Akhalkalaki (South Georgia; Transcaucasia) and its evolutionary and ecological significance. Géobios, 34 (4), S. 475–486, Villeurbanne 2001

HEMMER, Helmut / KAHLKE, Ralf-Dietrich / VEKUA, Abesalom K.: The Old World puma – *Puma pardoides* (Owen, 1946) (Carnivora: Felidae) – in the lowe Villafranchian (Upper Pliocene) of Kvabesi (East Georgia, Transcaucasia) and its evolutionary and biogeographical significance. Neues Jahrbuch für Geologie und Paläontologie, Abhandlungen 233 (2), S. 197–321, Stuttgart 2004

HEMMER, Helmut / KAHLKE, Ralf-Dietrich: Nachweis des Jaguars (*Panthera onca gombaszoegensis*) aus dem späten Unter- oder frühen Mittelpleistozän der Niederlande. Deinsea, Annual oft the Natural History Museum Rotterdam, S. 47–57, Rotterdam 2005

HEMMER, Helmut / KAHLKE, Ralf-Dietrich / KELLER, Thomas: Geparde im Mittelpleistozän Europas: *Acinonyx pardinensis* (sensu lato) *intermedius* (Thenius, 1954) aus den Mosbach-Sanden (Wiesbaden, Hessen, Deutschland). Neues

Jahrbuch für Geologie und Paläontologie,
Abhandlungen, 249 (3), S. 345–356, Stuttgart 2008
HEMMER, Helmut / SCHÜTT, Gerda: Ein
Gepardenfund aus den Mosbacher Sanden (Alt-
pleistozän, Wiesbaden). Mainzer Naturwissenschaft-
liches Archiv, 9, S. 118–131, Mainz 1970
KAHLKE, Hans Dietrich: Die Eiszeit, Leipzig 1994
KAHLKE, Ralf-Dietrich (Hrsg.): Das Pleistozän von
Untermaßfeld bei Meiningen (Thüringen). Teil 1.
Monographien des Römisch-Germanischen
Zentralmuseums, Mainz 1997
KAHLKE, Ralf-Dietrich (Hrsg.): Das Pleistozän von
Untermaßfeld bei Meiningen (Thüringen). Teil 2.
Monographien des Römisch-Germanischen
Zentralmuseums, Mainz 2001
KAHLKE, Ralf-Dietrich (Hrsg.): Das Pleistozän von
Untermaßfeld bei Meiningen (Thüringen). Teil 3.
Monographien des Römisch-Germanischen
Zentralmuseums, Mainz 2001
KELLER, Thomas: Die eiszeitlichen Mosbach-Sande
bei Wiesbaden. Paläontologische Denkmäler in
Hessen 3, Wiesbaden 1994
MANIA, Dietrich / THOMAE, Matthias (Mitarbeit
von Manfred Altermann, Wolf-Dieter Heinrich, Jan
van der Made, Hans Dieter Mai, Maria Seifert-Eulen):
Zur stratigraphischen Gliederung der Saalezeit im
Saalegebiet und Harzvorland. Praehistoria Thuringica,
Sonderheft, S. 3–44, Langenweisbach 2008

MOL, Dick / LOGCHEM, Wilrie van /
HOOIJDONK, Kees van / BAKKER, Remie: De
sabeltandtijger uir de Noordzee, Norg 2007
PROBST, Ernst: Deutschland in der Urzeit, München
1986
PROBST, Ernst: Deutschland in der Steinzeit,
München 1991
PROBST, Ernst: Rekorde der Urzeit, München
2008
PROBST, Ernst: Rekorde der Urmenschen, München
2008
PROBST, Ernst: Säbelzahnkatzen, München 2009
PROBST; Ernst: Der Europäische Jaguar, München
2011
PROBST, Ernst: Die Dolchzahnkatze *Megantereon*,
München 2011
PROBST, Ernst: Die Säbelzahnkatze *Homotherium*,
München 2011
REICHENAU, Wilhelm von: Beiträge zur näheren
Kenntnis der Carnivoren aus den Sanden von Mauer
und Mosbach. Abhandlungen der Großherzoglichen
Hessischen Geologischen Landesanstalt zu
Darmstadt, Band IV, Heft 2, S. 189–313, Darmstadt
1906
SCHÜTT, Gerda: Ein Gepardenfund aus den
Mosbacher Sanden (Altpleistozän, Wiesbaden).
Mainzer naturwissenschaftliches Archiv, 9, S. 118–
131, Mainz 1970

THENIUS, Ernst: Gepardreste aus dem Altquartär von Hundsheim in Niederöstereich. Neues Jahrbuch für Geologie und Paläontologie, Monatshefte, S. 225–238, Stuttgart 1953
TURNER, Alan / ANTÓN, Mauricio: The Big Cats and their fossil relatives. New York 1997
WIKIPEDIA Freie Enzyklopädie
http://wikipedia.org

Bildquellen

Archiv Forschungsstelle für Quartärpaläontologe der Senckenbergischen Naturforschenden Gesellschaft, Weimar: 12

Klaus Benz, Fotograf, Mainz-Laubenheim: 32

Forschungsinstitut Senckenberg, Frankfurt am Main: 22 oben

Dr. Jens Lorenz Franzen, Titisee-Neustadt, ehrenamtlicher Mitarbeiter des Forschungsinstituts Senckenberg in Frankfurt am Main und des Naturhistorischen Museums Basel: 22 unten

Professor Dr. Hansjürg Kuhn, Göttingen: 24

Reproduktion aus „Brehms Tierleben": (1927): 30

Reproduktionen aus: PROBST, Ernst: Deutschland in der Urzeit, München 1986: Gemälde von Fritz Wendler (1941–1995): 10, 20, 21

Shuhei Tamura, Kanagawa, Japan: 1, 14, 26, 27 oben, 27 unten

Thüringer Zoopark Erfurt: 25

Verschönerungs- und Verkehrsverein Biebrich am Rhein e. V. / Heimatmuseum Biebrich: 19

Bücher von Ernst Probst

Affenmenschen
Von Bigfoot bis zum Yeti

Archaeopteryx
Der Urvogel aus Bayern

Christl-Marie Schultes. Die erste Fliegerin in Bayern
(zusammen mit Theo Lederer)

Das Dinotherium-Museum Eppelsheim
Führer durch die Ausstellung
(zusammen mit Dr. Jens Lorenz Franzen
und Heiner Roos)

Der Mosbacher Löwe
Die riesige Raubkatze aus Wiesbaden

Der Schwarze Peter
Ein Räuber im Hunsrück und Odenwald

Der Ur-Rhein
Rheinhessen vor zehn Millionen Jahren

Die Dolchzahnkatze *Megantereon*

Die Dolchzahnkatze *Smilodon*

Die Säbelzahnkatze *Machairodus*

Die Säbelzahnkatze *Homotherium*

Dinosaurier in Deutschland. Vom *Efraasia*
bis zu *Sellosaurus*

Dinosaurier von A bis K. Von *Abelisaurus*
bis zu *Kritosaurus*

Dinosaurier von L bis Z. Von *Labocania*
bis zu *Zupaysaurus*

Frauen im Weltall

Höhlenlöwen
Raubkatzen im Eiszeitalter

Johann Jakob Kaup
Der große Naturforscher aus Darmstadt

Königinnen der Lüfte in Deutschland

Königinnen der Lüfte in Europa

Königinnen der Lüfte von A bis Z

Monstern auf der Spur
Wie die Sagen über Drachen, Riesen
und Einhörner entstanden

Raub-Dinosaurier von A bis Z.
Mit Zeichnungen von Dmitry Bogdanav
und Nobu Tamura

Rekorde der Urzeit
Landschaften, Pflanzen und Tiere

Rekorde der Urmenschen
Erfindungen, Kunst und Religion

Säbelzahnkatzen. Von *Machairodus*
bis zu *Smilodon*

Säbelzahntiger am Ur-Rhein. *Machairodus*
und *Paramachairodus*

Seeungeheuer
Von Nessie bis zum Zuiyo-maru-Monster

Meine Worte sind wie die Sterne
Die Entstehung der Rede des Häuptlings Seattle
(zusammen mit Sonja Probst)

Die Bronzezeit

Die Aunjetitzer Kultur

Die Straubinger Kultur

Die Adlerberg-Kultur

Die nordische Bronzezeit

Die Hügelgräber-Kultur

Die Lüneburger Gruppe in der Bronzezeit

Die Stader Gruppe in der Bronzezeit

Die Urnenfelder-Kultur

Die Lausitzer Kultur

Superfrauen 1 – Geschichte

Superfrauen 2 – Religion

Superfrauen 3 – Politik

Superfrauen 4 – Wirtschaft und Verkehr

Superfrauen 5 – Wissenschaft

Superfrauen 6 – Medizin

Superfrauen 7 – Film und Theater

Superfrauen 8 – Literatur

Superfrauen 9 – Malerei und Fotografie

Superfrauen 10 – Musik und Tanz

Superfrauen 11 – Feminismus und Familie

Superfrauen 12 – Sport

Superfrauen 13 – Mode und Kosmetik

Superfrauen 14 – Medien und Astrologie

Superfrauen aus dem Wilden Westen

Königinnen der Lüfte

Königinnen des Tanzes

Bestellungen bei: http://www.grin.com